Ernst Probst

Das Magdalénien

Eine Kulturstufe der Altsteinzeit

Widmung

Den Prähistorikern Dr. Elisabeth Ruttkay (1926–2009) und Professor Dr. Johannes-Wolfgang Neugebauer (1949–2002) gewidmet, die mich bei meinen Büchern
„Deutschland in der Steinzeit" (1991) und
„Deutschland in der Bronzezeit" (1996) unterstützt haben.

Impressum:
Das Magdalénien in Österreich
1. Auflage als Print-Buch: Mai 2019
Autor: Ernst Probst
Im See 11, 55246 Mainz-Kostheim
Telefon: 06134/21152
E-Mail: ernst.probst (at) gmx.de
Herstellung: Amazon Distribution GmbH, Leipzig
Alle Rechte vorbehalten
ISBN: 978-1098514334

Bisonkopf als Verzierung einer Speerschleuder aus der namengebenden Halbhöhle La Madeleine gegenüber von Tursac im französischen Département Dordogne. Foto: Pymouss / CC-BY-SA3.0 (via Wikimedia Commons), lizensiert unter Creative-Commons-Lizenz by-sa-3.0, https://creativecommons.org/licenses/by-sa/3.0/legalcode

Französischer Prähistoriker Gabriel de Mortillet (1821–1898).
Foto: (via Wikimedia Commons),
Lizenz: gemeinfrei (Public domain)

Vorwort

Das „Zeitalter der Rentiere"

Von den Jägern und Sammlern aus dem Eiszeitalter vor etwa 15.000 bis 11.500 Jahren hat man bisher in Österreich keinen einzigen Knochen und auch keinen Zahn entdeckt. Spärlich sind Siedlungsspuren in Höhlen von Niederösterreich (Frauenlucken, Gudenushöhle, Teufelslucken) und in der Steiermark (Emmalucke, Steinbockhöhle). Nachzulesen ist dies in dem Taschenbuch „Das Magdalénien in Österreich" des Wissenschaftsautors Ernst Probst. Der Begriff Magdalénien für eine Kulturstufe der Altsteinzeit wurde bereits 1869 von dem französischen Prähistoriker Gabriel de Mortillet eingeführt. Jener Name erinnert an die Halbhöhle La Madeleine gegenüber von Tursac im Département Dordogne. Ursprünglich hat man das Magdalénien auch das „Zeitalter der Rentiere" genannt, weil damals vor allem Rentiere erlegt wurden. Begnadete Künstler aus dem Magdalénien schufen prachtvolle Tierbilder in den Höhlen von Altamira in Spanien und Lascaux in Frankreich. Als einziges Kunstwerk jener Zeit in Österreich gilt eine in der Gudenushöhle gefundene Adlerspeiche mit eingeritztem Rentierkopf. Ein durchlochter Rentierzehenknochen aus der Steinbockhöhle diente vielleicht als Pfeife. Zum Fundgut aus der Gudenushöhle gehören Schmuckstücke aus Tierzähnen und Bernstein.

*Namengebender Fundort für die Kulturstufe Magdalénien:
Abri La Madeleine im Tal der Vézère bei Tursac
im französischen Département Dordogne.
Foto: Thilo Parg / CC-BY-SA4.0 (via Wikimedia Commons9,
lizensiert unter Creative-Commons-Lizenz by-sa-4.0,
https://creativecommons.org/licenses/by-sa/4.0/legalcode*

Rentierkopf auf Adlerknochen

Das Magdalénien in Österreich

Vor etwa 20.000 bis 18.000 Jahren stießen die alpinen Gletscher viel weiter als jemals zuvor in der Würm-Eiszeit ins österreichische Alpenvorland vor. Diese Zeitspanne wird als Hochglazial oder Maximalvereisung der Würm-Eiszeit bezeichnet. Damals rückte der Inn-Gletscher bis vor Gars am Inn nördlich von Rosenheim vor. Der Salzach-Gletscher endete zwischen Tittmoning und Burghausen. Die Ausläufer des Traun-Gletschers reichten bis an die Nordenden der Salzkammergutseen Irrsee, Attersee und Traunsee. Dagegen endete der Phyrn-Gletscher weiter östlich infolge der an Höhe abnehmenden und niederschlagsärmeren östlichen Ostalpen bereits tief im Gebirge bei Windischgarsten, ebenso auch der Enns-Gletscher (im Gesäuse) und der Mur-Gletscher bei Judenburg. Der Drau-Gletscher füllte noch einen großen Teil des Klagenfurter Beckens. Östlich dieses Eisstromnetzes gab es nur noch in den isolierten höheren Gebirgsstöcken Hochschwab, Rax, Schneeberg, Koralpe, Saualpe und andere eine entsprechende Lokalvergletscherung.

In den von mächtigem Gletschereis begrabenen Gebieten vermochte sich kein pflanzliches und tierisches Leben zu behaupten. Auch Menschen konnten in dieser trostlosen Eiswüste nicht existieren.

Erst nach dem Abschmelzen der Eismassen, das mit allmählicher Erwärmung vor etwa 18.000 Jahren einsetzte, wanderten in Österreich wieder Jäger und Sammler ein. Sie

Silberwurz (Dryas octopetala).
Foto: Jörg Hempel / CC-BY-SA3.0-DE (via Wikimedia Commons),
lizensiert unter Creative-Commons-Lizenz by-sa-30-de
https://creativecommons.org/licenses/by-sa/3.0/de/legalcode

kamen aus Gebieten, in denen es keine großräumigen Vereisungen gab. Die Neuankömmlinge werden der Kulturstufe Magdalénien zugerechnet, die in Österreich vermutlich vor etwa 15.000 bis 11.500 Jahren existierte.

Der Begriff Magdalénien wurde 1869 von dem französischen Prähistoriker Gabriel de Mortillet (1821–1898) eingeführt. Benannt wurde es nach dem Abri La Madeleine im Tal der Vézère bei Tursac im Département Dordogne (Frankreich). Ursprünglich hat man das Magdalénien auch das „Zeitalter der Rentiere" genannt, weil damals vor allem Rentiere erlegt wurden.

Als Sondergruppen des Magdalénien gelten das Creswellien in England sowie das Swiderien in Polen und Ungarn. Der Name Creswellien fußt auf den Funden aus der Höhle „Mother-Grundy's Parlour" in Creswell Crags, einem gebirgigen Gebiet in Derbyshire (England). Namengebender Fundort für das Swiderien ist die Freilandstation Swidry Wielkie bei Warschau in Polen. In Osteuropa lebte das Gravettien in Form des Spätgravettien fort.

Der auf das Hochglazial folgende, noch überwiegend kaltzeitliche Abschnitt wird nach der häufig in den damaligen Tundren vorkommenden Silberwurz *(Dryas octopetala)* als älteste Dryas-Zeit oder älteste Tundrenzeit (vor etwa 15.000 bis 13.000 Jahren) bezeichnet.

Während der sich abschwächenden Kaltphase schmolzen die Alpengletscher bereits etappenweise zurück. So reichte beispielsweise der Inn-Gletscher im Bühlstadium vor etwa 15.000 Jahren nur noch bis Kufstein in Tirol. Der Begriff Bühlstadium wurde 1909 durch den Berliner Geographen Albrecht Penck (1858–1945) und den damals in Wien wirkenden deutschen Geographen Eduard Brückner (1862–1927) eingeführt. Das

Bühlstadium ist nach Endmoränen im Raum Kirchbichl-Kufstein benannt. Die nachfolgende Erwärmung sorgte dann für ein sehr rasches Abschmelzen der Gletscher bis in die innersten Alpentäler, wobei es nochmals zu kurzen Gletschervorstößen kam, die als Steinachstadium (vor etwa 14.000 Jahren) und Gschnitzstadium (vor etwa 13.000 Jahren) bezeichnet werden. Der Name Steinachstadium wurde 1950 durch den Innsbrucker Geologen Raimund von Klebelsberg (1886–1967) geprägt. Er hatte bei Steinach am Brenner geologische Spuren von Gletscherständen erkannt. Den Begriff Gschnitzstadium haben 1909 Albrecht Penck und Eduard Brückner vorgeschlagen. Das Gschnitzstadium ist nach dem Endmoränenbogen bei Trins im vorderen Gschnitztal benannt.

In der ältesten Dryas breiteten sich im Vorfeld der alpinen Gletscher baumlose Zwergstrauchtundren aus, in denen neben der Silberwurz auch Zwergbirken, Zwergweiden, Heidekraut und Alpenazaleen wuchsen. In dieser Landschaft lebten Mammute, Fellnashörner, Wildpferde, Rentiere und Riesenhirsche. Letztere trugen Geweihe mit einer Spannweite bis zu drei Metern.

Mit den folgenden sehr ausgeprägten Warmphasen des Bölling-Interstadials (vor etwa 13.000 bis 12.000 Jahren) und des Alleröd-Interstadials (vor etwa 11.700 bis 10.700 Jahren) setzte dann die allgemeine Klimaverbesserung ein. Sie führte rasch – beginnend mit Birken- und Kiefernwäldern – zur Wiederbewaldung bis tief in die Alpen hinein.

Daran änderten auch kurze Rückschläge nicht viel. Der erste erfolgte vor etwa 12.000 Jahren durch die Gletschervorstöße des Daunstadiums und wurde vermutlich durch eine kurze Abkühlung während der älteren Dryas (vor etwa 12.000 bis 11.700 Jahren) bewirkt. Auch den Begriff Daunstadium haben

Albrecht Penck und Eduard Brückner 1909 vorgeschlagen. Er basiert auf mehrstaffeligen Moränen bei Ranals im hinteren Stubaital.
Der zweite Rückschlag vor etwa 10.000 Jahren wurde durch die Gletschervorstöße des Egesenstadiums während der jüngeren Dryas (vor etwa 10.700 bis 10.000 Jahren) ausgelöst. Das Egesenstadium ist 1929 durch den Innsbrucker Geographen Hans Kinzl (1898–1979) in den Stubaier Alpen erkannt worden. Es wurde nach dem Egesengrat im Talschluss des Stubai bezeichnet.
Im Bölling gab es noch Wölfe, Wisente, Auerochsen, Wildpferde, Rentiere und Rothirsche. Mammute und Fellnashörner waren fast ausgestorben. In der älteren Dryas existierten bereits keine Mammute und Fellnashörner mehr. Im Alleröd waren auch die Wildpferde und Rentiere verschwunden, in den Wäldern lebten jetzt Elche, Rothirsche und Auerochsen.
Von den Menschen aus dem Magdalénien sind bisher in Österreich keine Skelettreste gefunden worden. Deshalb kann man über ihr Aussehen und ihre Körpergröße keine konkreten Angaben machen. Wahrscheinlich waren sie ebenso groß wie die Menschen des Magdalénien in Deutschland, wo die Männer etwa 1,60 Meter und die Frauen bis zu 1,55 Meter groß waren. Im Vergleich mit den zahlreichen Siedlungsspuren aus dem vorhergehenden Gravettien hat man aus dem Magdalénien in Österreich auffällig wenig Siedlungsreste entdeckt. Dies deutet zusammen mit dem erwähnte Fehlen von Skelettresten darauf hin, dass die Bevölkerungsdichte Österreichs im Magdalénien geringer war als im Gravettien. Nach den Funden zu schließen, müssten die Magdalénien-Leute vor allem in Höhlen gewohnt haben. Auch dies steht im Gegensatz zu den Funden aus dem Gravettien, die zumeist aus dem Freiland stammen.
Höhlenwohnungen aus dem Magdalénien kennt man aus

Niederösterreich (Frauenlucken, Gudenushöhle, Teufelslucken) und aus der Steiermark (Emmalucke, Steinbockhöhle). Nach den verhältnismäßig wenigen Funden zu urteilen, scheinen die Höhlen allesamt nicht lange besiedelt worden zu sein.
In der Höhle Frauenlucken bei Schmerbach hat 1919 der Naturforscher Heinrich E. Wichmann (1889–1967) aus Fischau (heute Bad Fischau-Brunn) gegraben und erste Funde geborgen. Er hat später am „Biologischen Institut" in München gearbeitet, ein Mittel gegen Borkenkäfer erfunden und dafür von der „Deutschen Forstbehörde" in München den Professorentitel erhalten.
Ins Magdalénien stuft man auch die Funde aus der obersten Kulturschicht der Gudenushöhle unterhalb der Burg Hartenstein im Kremstal ein. Diese Höhle hatte schon Neanderthaler aus dem Moustérien angelockt. Das gilt auch für die Höhle Teufelslucken bei Roggendorf. In der Höhle Emmalucke unter dem Gipfel des 496 Meter hohen Hausberges von Gratkorn zeugen Reste einer Feuerstelle mit Hornsteinabsplissen von der Anwesenheit einiger Magdalénien-Leute. Und in der 430 Meter hoch gelegenen Steinbockhöhle bei Peggau fand man einen durchlochten Rentierknochen aus dieser Kulturstufe.
Vermutlich haben die Menschen des Magdalénien in Österreich außer in den erwähnten und anderen Höhlen doch auch im Freiland gewohnt. Dort errichteten sie wahrscheinlich wie die Magdalénien-Jäger in Deutschland oder wie die Spätgravettien-Leute in Russland aus langen Holzstangen und Tierfellen oder -häuten Zelte oder Hütten. Sowohl in Höhlen als in Freilandbehausungen ruhte und schlief man nicht auf dem blanken Fußboden, sondern auf weichen und warmen Tierfellen. Für Wärme und Licht sorgten Feuerstellen vor oder in den Behausungen.
Die Magdalénien-Jäger in Österreich jagten mit Stoßlanzen und

Wurfspeeren vor allem Wildpferde und Rentiere, die während der älteren Dryaszeit noch in großen Herden vorkamen. Das Fleisch der erbeuteten Wildtiere dürfte meist gebraten worden sein. Außer Fleisch gehörten damals wohl auch viele essbare Pflanzen zum Nahrungsangebot, was sich jedoch wegen deren schlechter Erhaltungsfähigkeit kaum nachweisen lässt.

Aus Spanien, Frankreich, Deutschland und der Schweiz kennt man Speerschleudern, mit denen Jäger ihre Geschosse mit großer Durchschlagskraft auf Beutetiere lenken konnten. Die Speerschleuder bestand aus einem bis zu 30 oder 40 Zentimeter langen hinteren Teil aus Rentiergeweih mit einem Widerhaken am Ende und einem mindestens ebenso langen Holzschaft. Bisher hat man nur Reste der widerstandsfähigeren Enden von Speerschleudern gefunden. Aus dem gesamten Jungpaläolithikum sind gegenwärtig etwa 125 Hakenenden von Speerschleudern bekannt, von denen die meisten aus dem Ende des Magdalénien stammen.

Beim Wurf auf ein Wildtier hielt der Jäger die Speerschleuder in der weit nach hinten gestreckten rechten Hand, wobei der Widerhaken hinten lag und nach oben ragte. Das Wurfgerät verlängerte auf diese Weise den rechten Arm und somit dessen Hebelkraft. Der Wurfspeer ruhte mit seinem Ende auf der Speerschleuder und wurde vom Widerhaken sowie – zusammen mit der Speerschleuder – von der Hand des Jägers gehalten. Beim Schuss schnellte der Arm mitsamt Speerschleuder und Wurfspeer nach vorne, wobei sich das Geschoss löste und mit Wucht in Richtung des Beutetieres flog.

Experimente des Kölner Prähistorikers Ulrich Stodiek mit rekonstruierten Speerschleudern haben gezeigt, dass mit längeren Speeren von etwa 2 bis 2,20 Meter Länge und 10 Zentimeter Dicke bei Zielwürfen eine bessere Trefferquote erzielt wurde als mit kürzeren Geschossen von nur 1,20 bis

*Rentierjagd mit Speerschleudern zur Zeit des Magdalénien am Petersfels bei Engen-Bittelbrunn (Kreis Konstanz) in Baden-Württemberg (Süddeutschland).
Gemälde von Fritz Wendler (1941–1995)
für das Buch „Deutschland in der Steinzeit" (1991)
von Ernst Probst*

1,50 Meter Länge. Die kürzeren und leichteren Speere konnten dagegen viel weiter als die längeren geworfen werden. Mit ihnen wurden schon Weiten von mehr als 140 Metern erreicht. Die jahreszeitlichen Wanderungen der Rentiere und Wildpferde zwangen die Jäger, hinter diesen Tieren herzuziehen oder sie in bestimmten Gegenden zu erwarten. Auf diese Weise dürften die Menschen des Magdalénien periodische Wanderungen über eine Entfernung von 100 bis 200 Kilometern unternommen haben. Dabei trafen sie mitunter andere Jägersippen oder -familien.

Zu den Orten, an denen Jäger zu bestimmten Zeiten den Rentierherden auflauerten, gehört das Brudertal bei Engen-Bittelbrunn (Kreis Konstanz) in Baden-Württemberg. Dieses bildet einen der Aufgänge von der Ebene zwischen Engen und dem Bodensee zur Albhochfläche. Dort konnten Jägernomaden die Rentiere in das sich talaufwärts immer mehr verengende Brudertal treiben. Von beiden Seiten in das Tal hineinragende Felsrippen erwiesen sich für die in Panik geratenen Herden als tückische Fallen, in denen sie ein leichtes Opfer für die mit Wurfspeeren ausgerüsteten Jäger wurden.

Eine der Engestellen im Brudertal liegt unweit der Höhle Petersfels. Sie gilt als eine der bedeutendsten Fundstellen aus dem Magdalénien in Baden-Württemberg. Am Petersfels sind in verschiedenen Schichten die Skelettreste von mindestens 1.300 Rentieren entdeckt worden. Der Tübinger Prähistoriker Gerd Albrecht schätzt, dass diese Tiere bei ungefähr 25 bis 40 Jagdunternehmungen erbeutet wurden, bei denen jeweils bis zu maximal 50 Rentiere zur Strecke gebracht worden sind. Besonders wichtig dürfte die Rentierjagd im September und Oktober gewesen sein, weil man sich dabei mit Fleischvorräten für den bevorstehenden Winter versorgen konnte. Wahr-

scheinlich hat man einen Teil der Beute für die kalte Jahreszeit konserviert.
Am schweizerischen Fundort Kesslerloch bei Thayngen im Kanton Schaffhausen konnte man Jagdbeutereste von etwa 500 Rentieren, 50 Wildpferden, 1.000 Schneehasen, 170 Schneehühnern sowie – deutlich weniger – von Steinböcken, Gämsen und Murmeltieren nachweisen. Im Gebiet des Neuenburger Sees brachte man neben Rentieren, Wildpferden und Schneehasen auch Füchse, Auerochesen, Wisente und Murmeltiere zur Strecke. Größere Fische dürften harpuniert worden sein. Im großen Stil wurde die Rentierjagd auch an der Schussenquelle bei Schussenried (Kreis Biberach) in Baden-Württemberg betrieben. Dort fand man Skelettreste von etwa 400 Rentieren, aber auch von anderen Großsäugetieren. Diese Zahlen demonstrieren eindrucksvoll, welche große Bedeutung die Rentierjagd in bestimmten Gebieten für die Magdalénien-Jäger hatte.
Für Tauschgeschäfte, wie sie die gleichzeitig lebenden Magdalénien-Leute in Frankreich, Deutschland und der Schweiz mit Schmuckschnecken betrieben, fand man bisher in Österreich kaum Belege. Als einen der wenigen Hinweise in dieser Richtung kann man den in der Gudenushöhle entdeckten Bernstein werten.
Die Männer, Frauen und Kinder aus dem Magdalénien trugen vermutlich aus Rentier- und Wildpferdhäuten zusammengenähte Jacken, Hosen und Schlupfschuhe. Reste derartiger Kleidung wurden bisher in Österreich zwar nicht nachgewiesen. Man kennt jedoch knöcherne Nadeln aus der Gudenushöhle und aus der Höhle Frauenlucken, die sich zum Zusammennähen solcher Kleidung eigneten. Anhaltspunkte dafür, wie die damalige Garderobe aussah, liefern zudem eine

Frau mit Schmuck aus der Zeit des Magdalénien. Zeichnung: Fritz Wendler (1941–1995) für das Buch „Deutschland in der Steinzeit" (1991) von Ernst Probst

Darstellung eines Rentierkopfes auf einer Adlerspeiche aus der Gudenushöhle im Tal der Kleinen Krems in Niederösterreich. Zeichnung: Naturhistorisches Museum Wien, Prähistorische Abteilung

Bestattung sowie Kunstwerke vom sibirischen Fundort Malta, die dem Spätgravettien zugerechnet werden. Wie ihre Vorgänger aus dem Aurignacien und Gravettien erfreuten sich auch die Magdalénien-Leute an mancherlei Schmuck. So fand man in der Gudenushöhle aus Tierzähnen and Bernstein bestehende Schmuckstücke. In der Höhle Teufelslucken wurden Reste des Roteisenerzes Hämatit entdeckt, das sich zum Schminken eignete. Als einziges Kunstwerk aus dem Magdalénien Österreichs gilt eine in der Gudenushöhle gefundene Adlerspeiche, in die ein Rentierkopf eingeritzt ist. Dieses seltene Stück diente als Behälter für Knochennadeln. In anderen Gegenden Mitteleuropas sind zur selben Zeit von Magdalénien-Leuten vor allem stilisierte Frauen ohne Kopf und Füße, Mammute, Wildpferde und einige andere Tiere dargestellt worden.

Ihren Höhepunkt erlebte die Kunst der jüngeren Altsteinzeit in Magdalénien. Davon wird der ältere Teil bis vor etwa 15.000 Jahren noch dem Stil III zugerechnet, der jüngere ab etwa vor 15.000 Jahren dagegen den Stil IV. Aus dem Magdalénien sind in Spanien, Frankreich, Deutschland,, Tschechien und der Schweiz viel mehr Kunstwerke entdeckt worden als aus früheren Epochen.

Berühmt geworden ist das Magdalénien vor allem durch die Höhlenmalereien in Frankreich und Spanien. Inzwischen wurden in mehr als 150 Höhlen Bildnisse von Wildtieren und ganz selten auch von Menschen entdeckt. Bei den mit grandiosen Malereien ausgeschmückten Höhlen handelte es sich höchstwahrscheinlich um Kultstätten.

Die Entdeckung der Höhle von Altamira nahe der spanischen Stadt Santillana del Mar in Kantabrien glückte 1868 einem Jäger, dessen Jagdhund in der damals vergessenen Höhle

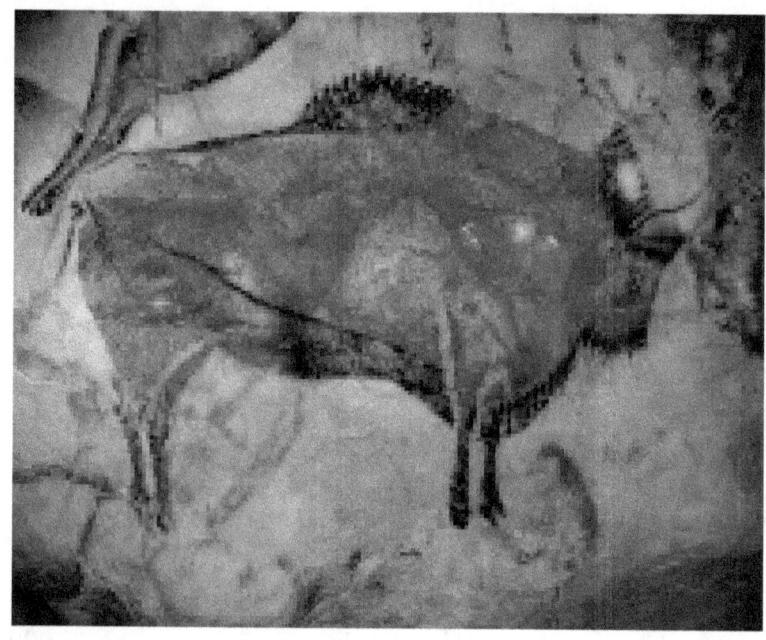

Replik der Darstellung eines Steppenbisons aus der Höhle von Altamira in Spanien. Foto: Rameessos (via Wikimedia Commons), Lizenz: gemeinfrei (Public domain)

verschwunden war. Der Jäger benachrichtigte unverzüglich den Grundherrn von Santillana, den Naturwissenschaftler Don Marcelino Sanz de Sautuloa (1831–1888), über seinen Fund. Als erster fielen der fünfjährigen Tochter Maria von Don Marcelino, die anfangs in der Höhle aufrecht gehen konnte, an der Decke Bilder von vermeintlichen „Rindern" auf. Don Marcelino nahm ab 1879 systematische Grabungen in der Höhle vor und veröffentlicht eine kurze Beschreibung. Damalige Gelehrte bezweifelten energisch die Echtheit dieser Höhlenbilder. Der französische Prähistoriker Émile Cartailhac (1845–1921) kanzelte sie als „vulgären Streich eines Schmierers" ab und weigerte sich, sie anzusehen. Doch 1901 entdeckte man ähnliche Malereien in der Höhle von Font-de-Gaume bei Les Eyzies-de-Tayac-Sireuil im Département Dordogne und die Fachwelt war nun von der Echtheit überzeugt. Cartailhac entschuldigte sich 1902 in einem Aufsatz („Les cavernes ornées de dessins. La grotte d'Altamira, Espagne. „Mea culpa" d'un sceptique") bei Sautuola. In der Höhle von Altamira sind Hirsche, Steppenbisons, Hirschkühe, Wildpferde und Wildschweine dargestellt. Dabei handelt es sich um Ritzzeichnungen, Kohlezeichnungen und Farbbilder. Den Farbstoff (Holzkohle, Rötel, schwarze Manganerde und verschieden getönter Ocker) trug man vielleicht mit Federn, Farbstiften und Röhrenknochen, durch die man die Farbe blies, auf. Seit 1979 ist die Höhle von Altamira nicht mehr öffentlich zugänglich. Nachbildungen sind rund 500 Meter von der Höhle entfernt sowie im „Deutschen Museum" in München und im „Museo Arqueológico Nacional de Espana" in Madrid zu bewundern. Die berühmtesten Höhlenmalereien Frankreichs aus dem älteren Teil des Magdalénien wurden vermutlich vor etwa 17.000 Jahren in der Höhle von Lascaux im Tal der Vézère bei

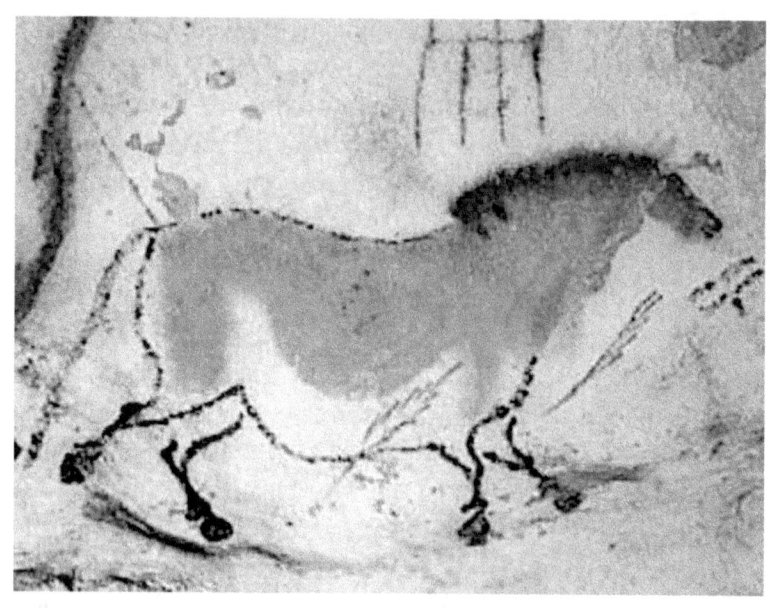

Replik der Darstellung eines Wildpferdes aus der Höhle von Lascaux im Tal der Vézère bei Montignac im französischen Département Dordogne.
Foto: (via Wikimedia Commons),
Lizenz: gemeinfrei (Public domain)

Montignac im Département Dordogne geschaffen. Nach Ansicht mancher Prähistoriker könnten sie sogar noch älter sein. Entdeckt wurde die Höhle von Lascaux am 12. September 1940 von vier jungen Männern namens Marcel Ravidat, Jacques Marsal, Georges Agnel und Simon Coencias. Schon am 21. September 1940 besichtigte der Prähistoriker Henri Breuil (1877–1961) den Fundort. Er veröffentlichte noch im selben Jahr eine erste wissenschaftliche Beschreibung.

Es hat den Anschein, als ob in Lascaux eine bestimmte Künstlergruppe innerhalb von zwei oder drei Generationen die verschiedenen Höhlenräume – wie die „Halle der Stiere", den Durchgang, die „Apsis", das „Schiff", das „Kabinett der Katzentiere" und den Schacht – mit insgesamt 800 Bildern ausgeschmückt hat. An den Höhlenwänden sind Auerochsen, Höhlenbären, Wisente. ein „Einhorn"-ähnliches Wesen, Hirsche, Fellnashörner, Wildpferde, Eber, Steinböcke, Moschusochsen, Rentiere, Vögel und Raubkatzen zu erkennen. Eine der rätselhaftesten Szenen befindet sich im weit vom Eingang entfernten stockdunklen Schacht, in den sich der Künstler sechs Meter tief an einem Seil herunterlassen und im Schein von Lampen malen musste. Hier, wohl im Allerheiligsten der Höhle von Lascaux, liegt ein verletzter oder toter Mensch mit erigiertem Penis vor einem wutschnaubenden Wisent, aus dem die Eingeweide hervorquellen. Unterhalb des Mannes sitzt ein Vogel auf einem Stab. Möglicherweise wird hier eine reale Jagdszene in Bildern erzählt. Nicht auszuschließen ist aber, dass die realistische Szene einen magisch-mythischen Hintergrund hat. Im jüngeren Teil des Magdalénien – also im mittleren und oberen Magdalénien – drangen die Maler in bis zu zwei Kilometer vom Eingang entfernte Höhlenräume vor und verzierten sie mit ihren großformatigen und farbenprächtigen

Gemälden. Dabei scheuten sie auch nicht vor größten Mühen zurück. So mussten beispielsweise in der Höhle von Etcheberriko-Karbia im Baskenland (Spanien) kleine Seen durchquert und glatte, meterhohe Hänge erklommen werden, ehe man sich durch ein schmales Loch zwängen und in einen schmalen Gang gelangen konnte, der abrupt endete und zwei Meter tief abfiel. Ob die an diesem Endpunkt angebrachten Malereien die eigentliche Kultstätte waren, wissen wir nicht. Zu den bedeutendsten Bilderhöhlen aus dem jüngeren Teil des Magdalénien gehören die Höhlen von Font de Gaume, Les Combarelles, Rouffignac in Südwestfrankreich, von Niaux in den Pyrenäen sowie von Altamira im kantabrischen Spanien. Ohne Parallele sind die beiden aus Ton geformten Wisente in der Höhle von Tuc-d'Audobert im Département Ariège (Frankreich). Über die Beweggründe unserer Vorfahren, derartige mit viel Schweiß und Mühen verbundene Kunstwerke zu schaffen, rätselt man immer noch. Als Motiv wird – in unterschiedlichen Variationen – oft ein Jagdzauber genannt: Demnach wollten die Höhlenmaler durch die Wiedergabe der Beutetiere in den Höhlen die Zahl der jagdbaren Tiere vermehren oder sie in die betreffende Gegend locken. Im Hintergrund stand dabei die Vorstellung, ein Geist oder ein Tier müsse sich dort aufhalten, wo man seinen Körper in Bildern oder Skulpturen festhielt. Eine andere Variante der Jagdzauber-Theorie geht davon aus, dass man durch die bildliche Darstellung Macht über die Tiere gewinnen könne. Tatsächlich wurden bei einigen Tierdarstellungen Speere oder Pfeile in das Tier eingezeichnet und andere sogar mit Speerwürfen und Pfeilschüssen attackiert, aber bei den meisten Tierbildern ist eine solche „magische Tötung" offensichtlich nicht durch-geführt worden. Man hielt die Höhlenmalereien aber auch für Erinnerungen an besonders erfolgreiche Jagdunternehmungen oder für den Ausdruck eines Totemkults, bei dem jeder Stamm eine bestimmte Tierart verehrte, mit der er in magischer Beziehung stand. Mitunter werden die einzelnen Tierarten auch mit bestimmten Gottheiten oder dem männlichen bzw. weiblichen Prinzip der Natur in Verbindung gebracht. Dabei scheint sich der Respekt vor ihnen jedoch in Grenzen gehalten zu haben. Denn viele Bilder wurden von späteren Malern übermalt.

Schwer zu deuten sind jene Höhlenmalereien, die Menschengestalten mit Tiermasken oder in Verkleidung zeigen. Solche Darstellungen findet man unter den zahlreichen Tierbildern eher selten. Vielleicht stellen sie Schamanen bei rituellen Handlungen dar.

Häufig vertreten wird auch die Ansicht, bei den Bilderhöhlen handle es sich um unterirdische Heiligtümer, in denen die Initiationsriten bei der Aufnahme der Jugendlichen in den Kreis der Erwachsenen und vielleicht auch andere Zeremonien stattgefunden haben. Auch die Kleinkunstwerke aus Stein, fossilem Holz, Knochen, Rentiergeweih und Mammutelfenbein gelangten im Magdalénien zu einer außerordentlichen Blüte. Bei den Tierdarstellungen waren Wildpferde und Rentiere sowie in manchen Gegenden Mammute die beliebtesten Motive. Sogar Fußböden, löffelartiges Gerät, Lochstäbe und Speerschleudern wurden mit Tiermotiven geschmückt. Bei den Menschendarstellungen überwiegen ganz eindeutig solche von Frauen, die zumeist ohne Kopf und Füße wiedergegeben sind. Die Bedeutung symbolischer Zeichen – wie Linien, Gittermuster, Kreise oder Ovale – ist weitgehend ungeklärt.

Die Menschen des Magdalénien in der Schweiz hinterließen zahlreiche Kleinkunstwerke aus Rentiergeweih sowie deutlich seltener aus Knochen und fossilem Holz (Gagat). Allein im Kesslerloch im Fulachteil bei Thayngen im Kanton Schaff-

*Ausgrabung 1903 durch Jakob Heierli (1853–1912)
im Kesslerloch bei Thayngen im schweizerischen Kanton Schaffhausen.
Foto: Museum zu Allerheiligen, Schaffhausen
(via Wikimedia Commons), Lizenz: gemeinfrei (Public domain)*

hausen kamen insgesamt 22 Kunstwerke aus dem Magdalénien zum Vorschein. Der Name dieser Höhle leitet sich davon ab, dass sie früher gelegentlich von umherziehenden Kesselflickern bewohnt wurde. Das Kesslerloch war dem damals in Thayngen unterrichtenden Realschullehrer Konrad Merk (1846–1914) bei einer botanischen Exkursion im Sommer 1873 erstmals aufgefallen. Angeregt durch Entdeckungen in französischen Höhlen zu jener Zeit entschloss er sich zu Ausgrabungen, die er am 4. Dezember 1873 in Begleitung eines Lehrerkollegen und zweier älterer Schüler begann. Dabei konnte er bald Feuersteinsplitter und bearbeitete Rentiergeweihe bergen. Die eigentlichen systematischen Ausgrabungen folgten vom 16. Februar bis 11. April 1874.

Als das berühmteste im Kesslerloch entdeckte Kunstwerk gilt der Lochstab aus Rengeweih mit der eingravierten Darstellung des „Suchenden Rentieres", bei dem es sich um ein witterndes männliches Rentier während der Brunft handeln könnte. Dieser bedeutende Fund wurde 1874 anlässlich der Vorarbeiten zur Grabungskampagne im Kesslerloch von dem zu Besuch weilenden Geologen Albert Heim (1849–1937) aus Zürich entdeckt. Ein anderer Lochstab zeigt ein Wildpferd sowie zwei in Gegenrichtung orientierte mutmaßliche Rentierkühe. Ein weiterer Lochstab ist wahrscheinlich mit einem Halbesel verziert. Zu den Kunstwerken aus Rentiergeweih vom Kesslerloch gehören außerdem Speerschleudern mit der Wiedergabe von Rentierkühen und Wildpferden, drei Endstücke von Speerschleudern in Gestalt eines Wildpferdkopfes, ein Wildpferd-, ein Rothirsch- und ein Moschusochsenkopf sowie Skulpturen mit der mutmaßlichen Darstellung von Fischen. Zu den wenigen Kunstwerken aus Knochen zählen eine Rippe mit einem Wildpferdkopf und ein Knochenstück mit einem Wildschweinkörper, der aber auch

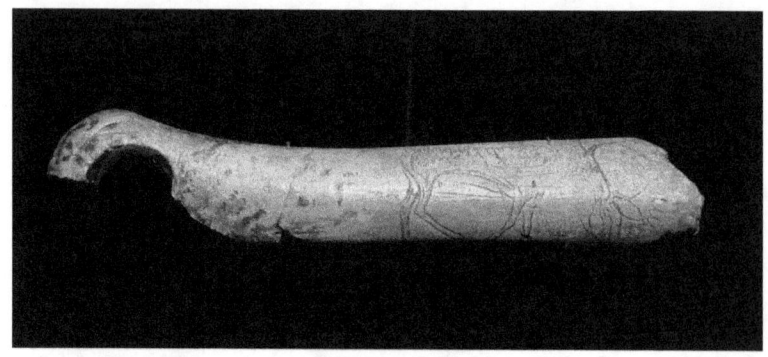

Lochstab aus Rengeweih mit der eingravierten Darstellung des „Suchenden Rentieres" aus dem Kesslerloch bei Thayngen im schweizerischen Kanton Schaffhausen.
Foto: *Adrian Michael / CC-BY3.0 (via Wikimedia Commons), lizensiert unter Creative-Commons-Lizenz by-3.0-en, https://creativecommons.org/licenses/by/3.0/legalcode*

Bild auf Seite 29:

Archäologische Funde aus dem Kesslerloch bei Thayngen im schweizerischen Kanton Schaffhausen. Abgebildet in einer Publikation des Realschullehrers Konrad Merk (1846–1914) aus Thayngen, des ersten Ausgräbers im Kesslerloch.
Bild: *(via Wikimedia Commons),*
Lizenz: *gemeinfrei (Public domain)*

PLATE XII.

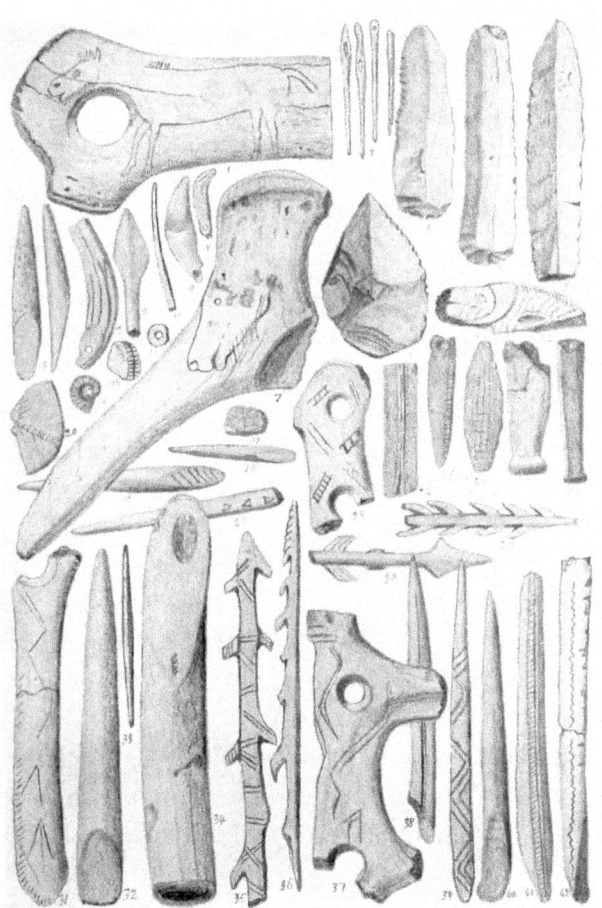

Kesslerloch Cave (all ½). (After Conrad Merk.)

als Rentiermotiv gedeutet wird. Von zwei Kohleplättchen zeigt eines auf beiden Seiten einen eingravierten Pferdekopf, das andere eine Wildpferdfigur. Die Entdeckung der Kunstwerke aus dem Kesslerloch wurde durch eine Fälschungsaffäre überschattet. Der an den Ausgrabungen beteiligte Arbeiter Martin Stamm (1833–1923) aus Thayngen hatte den mit ihm verwandten Schüler Konrad Bollinger überredet, in zwei alte Knochen Tierzeichnungen einzuritzen. Damit wollte er sich vermutlich als Entdecker hervortun und etwas Geld hinzuverdienen. Der Bub nahm für seine Arbeit das Kinderbuch „Die Thiergärten und Menagerien mit ihren Insassen" aus dem Jahre 1868 von dem Leipziger Künstler Heinrich Leutemann (1824–1905) als Vorbild und gravierte mit Federmesser und Stricknadel einen sitzenden Bären und einen Fuchs ein. Stamm schickte die beiden Fälschungen im Mai 1875 an den Zoologen und vergleichenden Anatomen Ludwig Rütimeyer (1825–1895) in Basel und gab an, dass er sie im Grabungsschutt des Kesslerlochs geborgen habe. Davon erfuhr auch der Prähistoriker Ferdinand Keller (1800–1881) aus Zürich. Nach längerem Überlegen gelangte er zu der Überzeugung, dass die beiden Gravierungen echt seien, fragte aber am 14. Mai 1875 brieflich bei Konrad Merk, dem ersten Ausgräber im Kesslerloch, nach dessen Meinung über diese Stücke an. Merk antwortete am 16. Mai 1875, er sei von der Echtheit dieser Abbildungen nicht überzeugt. Ungeachtet dessen fügte Keller in den ihm vorliegenden Bericht Merks mit dem Titel „Der Höhlenfund im Kesslerloch bei Thayngen (Kanton Schaffhausen)" die Zeichnungen von Bär und Fuchs sowie eine Notiz über diese Funde ein, ohne Merks Zweifel zu erwähnen. Er teilte sein Vorgehen Merk mit, und dieser gab dem berühmten Prähistoriker nach. Der erwähnte Bericht erschien vor dem 10. Juli 1875 in den „Mitteilungen der Antiquarischen Gesellschaft" in Zürich. Damit begann für Merk ein langer Leidensweg. Denn als die Fälschungen aufflogen, hielt man in der Fachwelt auch die übrigen im Kesslerloch gefundenen Kunstwerke für unecht. Erst eine gerichtliche Untersuchung klärte die Fälschungsaffäre auf und bewies Merks Unschuld.

Zu den mysteriösesten Kunstwerken aus dem Magdalénien in der Schweiz gehört ein menschliches Schädeldach mit der eingeritzten Darstellung eines Hirsches, das auf dem 687 Meter hohen Berg Baarburg bei Baar im Kanton Zu entdeckt wurde. Der Verwendungszweck dieses ungewöhnlichen Objektes ist unbekannt. Am selben Fundort wurden außerdem ein steinerner Anhänger mit einem eingravierten mutmaßlichen Höhlenlöwen sowie eine rohe Plastik aus Stein geborgen, die vielleicht ein Wildrind darstellen soll.

Wie in Spanien und Frankreich wurden auch in Deutschland viel mehr Kunstwerke aus dem Magdalénien entdeckt als aus den vorhergehenden Kulturstufen der jüngeren Altsteinzeit. Und dies, obwohl man hier im Gegensatz zu Westeuropa noch keine einzige Höhlenmalerei nachweisen konnte. Dafür entdeckte man kleinformatige Gravierungen auf Steinplatten, Geröllen, Tierknochen, Geweih, fossilem Holz und Mammutelfenbein sowie Schnitzereien aus denselben Materialien. Diese Kunstwerke zeigen Tiere, Menschen (fast nur Frauen) und rätselhafte Zeichen.

Die meisten Gravierungen auf Steinplatten wurden in der Freilandsiedlung Gönnersdorf, ein Ortsteil des Stadtteils Feldkirchen von Neuwied, in Rheinland-Pfalz gefunden. Dort haben die einstigen Bewohner etwa 200 Darstellungen von Tieren und etwa 400 von Frauen in grauschwarzen

*Nachbildung einer Gravierung von Gönnersdorf,
einem Ortsteil des Stadtteils Feldkirchen von Neuwied,
in Rheinland-Pfalz (Südwestdeutschland)
Sie zeigt zwei Frauen ohne Kopf und Füße
die sich wie bei einem Tanz gegenüberstehen.
Foto: José-Manuel Benito / Locutus Borg
(via Wikimedia Commons),
Lizenz: gemeinfrei (Public domain)*

Schieferplatten eingraviert, die in den Behausungen als Fußboden dienten. Man trat also die Kunst buchstäblich mit Füßen. Das auf manchen dieser Platten zu beobachtende Liniengewirr kann vielleicht damit erklärt werden, dass die Platten mehrfach mit einer Farbschicht überzogen und dann erst graviert wurden, wodurch es zu Überschneidungen kam. In Gönnersdorf diente wahrscheinlich das reichlich vorhandene Hämatit dazu, die Platten mit roter Farbe zu überziehen. Unter den Darstellungen von Tieren überwiegen in Gönnersdorf vor allem Wildpferde (74 Motive) und Mammute (61 Motive). Wesentlich seltener wurden Fellnashörner und Hirsche abgebildet. Nur je einmal sind Elch (oder Saiga-Antilope), Auerochse, Wisent, Wolf und Höhlenlöwe (ohne Kopf) dargestellt. Andere Motive zeigen Fische, Vögel (Wasservögel), Schneehuhn, Kolkrabe und Robben. All diese Tiergravierungen wirken sehr realistisch. Die größte von ihnen ist ein 50 Zentimeter erreichendes Wildpferd.

Die Frauendarstellungen von Gönnersdorf wurden stets nach einem einheitlichen Schema gestaltet. Sie sind in strenger Profilansicht mit nur einem Arm und einer Brust sowie mit auffällig betontem Gesäß abgebildet. Der Kopf ist niemals zu sehen. Auch die Füße fehlen fast immer. Die jungen Mädchen oder Frauen befinden sich in der Halbhocke oder sogar im Sprung. Nicht selten sind die Frauenfiguren hintereinander aufgereiht. Oder man kann zwei einander zugewandte Frauen erkennen.

Es gibt bisher keine Erklärung dafür, weshalb man in Gönnersdorf so viele Frauen – und fast keine Männer – in die Schieferplatten eingravierte. Um Männer scheint es sich lediglich bei einigen Gestalten mit behaarten Beinen zu handeln. Vielleicht sollen auch einige fratzenartige Gesichter mit großen

Augen und vorspringender Mund- und Nasenpartie Männer sen. Solche fratzenhaften Gesichter entdeckte man außerhalb Deutschlands auch in Frankreich und Spanien.
Neben Tier- und Menschendarstellungen fand man in Gönnersdorf einige auf den ersten Blick rätselhaft aussehende Zeichen. Diese Kreise, Ovale und Dreiecke sind häufig mit einem Strich versehen. Da eine andere Gravierung eine Vulva mit eingeführtem Penis zeigt, vermutet man, dass es sich bei den Kreisen, Ovalen und Dreiecken mit einem Strich um eine abstrakte Version der Vereinigung zwischen Mann und Frau handelt.
Ein durchlochter Rentierzehenknochen aus der Steinbockhöhle bei Peggau in der Steiermark wird als Rentierpfeife gedeutet. Auch in der niederösterreichischen Gudenushöhle kam ein ähnlicher Fund zum Vorschein. Bei einer solchen Pfeife handelt es sich vielleicht um ein Signalinstrument, das bei der Jagd verwendet wurde. Ob diese schrill klingende Pfeife auch als Musikinstrument diente, das bei Tänzen den Takt angab, lässt, sich nicht entscheiden. Tanz ist in Deutschland für dieselbe Zeit durch Gravierungen aus Gönnersdorf bei Neuwied archäologisch belegt. Manche Prähistoriker halten die Knochenpfeifen für „Geisterpfeifen" zum Anlocken von Geistern in Höhlen.
Die Formenvielfalt der Steinwerkzeuge lässt sich im Fundgut aus der Höhle Frauenlucken ablesen. Dort entdeckte man ein Klingenbruchstück, einen Kantenstichel, einen gebrochenen Klingenschaber, zwei Mikroklingen mit retuschiertem Rücken und eine Mikrogravetteklinge. All diese Werkzeuge hatte man aus Feuerstein angefertigt.
Außerdem gab es zu dieser Zeit aber auch Werkzeuge aus Tierknochen wie die Nähnadeln aus der Gudenushöhle und aus

den Frauenlucken. In der Gudenushöhle fand man zudem einen Lochstab zum Geradebiegen von Geweihspänen. Reste der Holzschäfte von Stoßlanzen oder Wurfspeeren sind bisher in Österreich nicht nachgewiesen worden. Aus der Gudenushöhle kennt man eine aus Rentiergeweih geschnitzte Speerspitze mit Blutrille sowie Harpunen. Die Blutrille an der Speerspitze hatte den Zweck, dass ein durch einen Speer getroffenes Wildtier möglichst viel Blut verlor und so schneller geschwächt wurde als durch eine Speerspitze ohne Rille. Das Bestattungswesen der Magdalénien-Leute in Österreich entsprach wohl demjenigen ihrer Zeitgenossen in anderen Gebieten. Damals hat man die Verstorbenen häufig unversehrt und – wie die Kinderbestattung von Malta, etwa 80 Kilometer nordwestlich von Irkutsk in Russland, beweist – liebevoll zur letzten Ruhe gebettet. Wie damals weltweit üblich, war wohl auch die Gedankenwelt der Magdalénien-Leute in Österreich von der Furcht vor unerklärlichen Naturerscheinungen geprägt, die man übermächtigen Geistern oder Gottheiten zuschrieb.

Literatur

BOSINSKI, Gerhard: Tierdarstellungen in Gönnersdorf. Monographien des Römisch-Germanischen Zentralmuseums, Band 72, Regensburg 2008
BOSINSKI, Gerhard / WÜST, Kathrin / ROTTER, Bettina: Altamira, Stuttgart 1998
HANITZSCH, Helmut / TOEPFER, Volker: Magdalénien. Aus: HERRMANN, Joachim: Lexikon früher Kulturen, S. 7, Leipzig 1984
LANGER, Helmut: Die „Frauenlucken" bei Schmerbach, eine prähistorische Wohnhöhle. Zwettler Nachrichten, S. 51–53, Zwettl 1968
NEUGEBAUER, Johannes-Wolfgang: Österreichs Urzeit. Bärenjäger - Bauern - Bergleute, Wien 1990
PRIHODA, Ingo: Josef Höbarth, das Museum und der Museumsverein in Horn. Höbarthmuseum und Museumsverein in Horn 1930–1980. Festschrift zur 50-Jahr-Feier, S. 7–18, Horn 1980
PROBST, Ernst: Als das Eis wich, wanderten die Jäger ein. Das Magdalénien. In: Deutschland in der Steinzeit. Jäger, Fischer und Bauern zwischen Nordseeküste und Alpenraum, S. 157–165, München 1991
PROBST, Ernst: Der Rentierkopf auf dem Adlerknochen. Das Magdalénien. In: Deutschland in der Steinzeit. Jäger, Fischer und Bauern zwischen Nordseeküste und Alpenraum, S. 139–141, München 1991
RUSPOLI, Mario / BERTHEMY, Odile: Die Höhlenmalerei

von Lascaux. Auf den Spuren der frühen Menschen, Augsburg 1998

WICHMANN, Heinrich E. / BAYER, Josef: Die „Frauenlucken" bei Schmerbach im oberen Kamptale, eine Höhlenstation des Magdalénien in Niederösterreich. Die Eiszeit, S. 65–67, Leipzig 1924

WIKIPEDIA (Online-Lexikon) Magdalénien
https://de.wikipedia.org/wiki/Magdal%C3%A9nien

Wissenschaftsautor Ernst Probst.
Foto: Klaus Benz, Fotograf, Mainz-Laubenheim

Der Autor

Ernst Probst, geboren am 20. Januar 1946 in Neunburg vorm Wald im bayerischen Regierungsbezirk Oberpfalz, ist Journalist und Wissenschaftsautor. Er arbeitete von 1968 bis 1971 bei den „Nürnberger Nachrichten", von 1971 bis 1973 in der Zentralredaktion des „Ring Nordbayerischer Tageszeitungen" in Bayreuth und von 1973 bis 2001 bei der „Allgemeinen Zeitung", Mainz. In seiner Freizeit schrieb er Artikel für die „Frankfurter Allgemeine Zeitung", „Süddeutsche Zeitung", „Die Welt", „Frankfurter Rundschau", „Neue Zürcher Zeitung", „Tages-Anzeiger", Zürich, „Salzburger Nachrichten", „Die Zeit", „Rheinischer Merkur", „Deutsches Allgemeines Sonntagsblatt", „bild der wissenschaft", „kosmos", „Deutsche Presse-Agentur" (dpa), „Associated Press" (AP) und den „Deutschen Forschungsdienst" (df). Aus seiner Feder stammen die Bücher „Deutschland in der Urzeit" (1986), „Deutschland in der Steinzeit" (1991), „Rekorde der Urzeit" (1992), „Dinosaurier in Deutschland" (1993 zusammen mit Raymund Windolf) und „Deutschland in der Bronzezeit" (1996). Von 2001 bis 2006 betätigte sich Ernst Probst als Buchverleger sowie zeitweise als internationaler Fossilienhändler und Antiquitätenhändler. Insgesamt veröffentlichte er mehr als 300 Bücher, Taschenbücher, Broschüren und über 300 E-Books.

Bücher von Ernst Probst

(Auswahl)

Als Mainz noch nicht am Rhein lag
Archaeopteryx. Die Urvögel in Bayern
Christl-Marie Schultes. Die erste Fliegerin in Bayern
(zusammen mit Theo Lederer)
Der Europäische Jaguar
Der Mosbacher Löwe. Die riesige Raubkatze aus Wiesbaden
Der Rhein-Elefant. Das Schreckenstier von Eppelsheim
Der Schwarze Peter. Ein Räuber im Hunsrück und Odenwald
Der Ur-Rhein. Rheinhessen vor zehn Millionen Jahren
Deutschland im Eiszeitalter
Deutschland in der Frühbronzezeit
Deutschland in der Mittelbronzezeit
Deutschland in der Spätbronzezeit
Die Aunjetitzer Kultur in Deutschland
Die Straubinger Kultur in Deutschland
Die Singener Gruppe
Die Arbon-Kultur in Deutschland
Die Ries-Gruppe und die Neckar-Gruppe
Die Adlerberg-Kultur
Der Sögel-Wohlde-Kreis
Die nordische Bronzezeit in Deutschland
Die Hügelgräber-Kultur in Deutschland
Die ältere Bronzezeit in Nordrhein-Westfalen
Die Bronzezeit in der Lüneburger Heide
Die Stader Gruppe

Die Oldenburg-emsländische Gruppe
Die Urnenfelder-Kultur in Deutschland
Die ältere Niederrheinische Grabhügel-Kultur
Die Unstrut-Gruppe
Die Helmsdorfer Gruppe
Die Saalemündungs-Gruppe
Die Lausitzer Kultur in Deutschland
Die Dolchzahnkatze Megantereon
Die Dolchzahnkatze Smilodon
Die Säbelzahnkatze Homotherium
Die Säbelzahnkatze Machairodus
Die Schweiz in der Frühbronzezeit
Die Rhône-Kultur in der Westschweiz
Die Arbon-Kultur in der Schweiz
Die Schweiz in der Mittelbronzezeit
Die Schweiz in der Spätbronzezeit
Dinosaurier von A bis K. Von Abelisaurus bis zu Kritosaurus
Dinosaurier von L bis Z. Von Labocania bis zu Zupaysaurus
Der rätselhafte Spinosaurus. Leben und Werk des Forschers Ernst Stromer von Reichenbach
Eiszeitliche Geparde in Deutschland
Eiszeitliche Leoparden in Deutschland
Frauen im Weltall
Hildegard von Bingen. Die deutsche Prophetin
Höhlenlöwen. Raubkatzen im Eiszeitalter
Julchen Blasius. Die Räuberbraut des Schinderhannes
Johann Jakob Kaup. Der große Naturforscher aus Darmstadt
Königinnen der Lüfte
Königinnen der Lüfte in Deutschland
Königinnen der Lüfte in Europa
Königinnen der Lüfte in Frankreich

Königinnen der Lüfte in England und Australien
Königinnen der Lüfte in Amerika
Königinnen der Lüfte von A bis Z
Königinnen des Tanzes
Malende Superfrauen
Meine Worte sind wie die Sterne Die Entstehung der Rede des Häuptlings Seattle (zusammen mit Sonja Probst, verheiratete Werner)
Monstern auf der Spur. Wie die Sagen über Drachen, Riesen und Einhörner entstanden
Neues vom Ur-Rhein. Interview mit dem Geologen und Paläontologen Dr. Jens Sommer
Österreich in der Frühbronzezeit
Österreich in der Mittelbronzezeit
Österreich in der Spätbronzezeit
Pompadour und Dubarry. Die Mätressen von Louis XV.
Raub-Dinosaurier von A bis Z. Mit Zeichnungen von Dmitry Bogdanav und Nobu Tamura
Rekorde der Urmenschen. Erfindungen, Kunst und Religion
Rekorde der Urzeit. Landschaften, Pflanzen und Tiere
Säbelzahnkatzen. Von Machairodus bis zu Smilodon
Säbelzahntiger am Ur-Rhein. Machairodus und Paramachairodus
Superfrauen aus dem Wilden Westen
Superfrauen 1 – Geschichte
Superfrauen 2 – Religion
Superfrauen 3 – Politik
Superfrauen 4 – Wirtschaft und Verkehr
Superfrauen 5 – Wissenschaft
Superfrauen 6 – Medizin
Superfrauen 7 – Film und Theater

Superfrauen 8 – Literatur
Superfrauen 9 – Malerei und Fotografie
Superfrauen 10 – Musik und Tanz
Superfrauen 11 – Feminismus und Familie
Superfrauen 12 – Sport
Superfrauen 13 – Mode und Kosmetik
Superfrauen 14 – Medien und Astrologie
Tony und Bruno Werntgen. Zwei Leben für die Luftfahrt (zusammen mit Paul Wirtz)
Was ist ein Menhir? Interview mit dem Mainzer Archäologen Dr. Detert Zylmann
Wer ist der kleinste Dinosaurier? Interviews mit dem Wissenschaftsautor Ernst Probst
Wer war der Stammvater der Insekten? Interview mit dem Stuttgarter Biologen und Paläontologen Dr. Günther Bechly
Kastel in der Vorzeit. Von der Jungsteinzeit bis Christi Geburt
Kostheim in der Vorzeit. Von der Jungsteinzeit bis Christi Geburt
Wiesbaden in der Steinzeit
Die Altsteinzeit. Eine Periode der Steinzeit in Europa vor etwa 1.000.000 bis 10.000 Jahren
Die Altsteinzeit in Österreich. Jäger und Sammler vor 250.000 bis 10.000 Jahren
Die Mittelsteinzeit. Eine Periode der Steinzeit vor etwa 8.000 bis 5.000 v. Chr.
Die Jungsteinzeit. Eine Periode der Steinzeit vor etwa 5.500 bis 2.300 v. Chr.
Das Moustérien in Österreich
Das Aurignacien. Eine Kulturstufe der Altsteinzeit vor etwa 35.000 bis 29.000 Jahren
Das Aurignacien in Österreich

Das Gravettien. Eine Kulturstufe der Altsteinzeit vor etwa 28.000 bis 21.000 Jahren
Das Gravettien in Österreich
Das Magdalénien. Die Blütezeit der Rentierjäger vor etwa 15.000 bis 11.500 Jahren
Das Magdalénien in Österreich
Die Hamburger Kultur. Eine Kulturstufe der Altsteinzeit vor etwa 15.000 bis 14.000 Jahren
Die Federmesser-Gruppe. Eine Kulturstufe der Altsteinzeit vor etwa 12.000 bis 10.700 Jahren
Das Jungacheuléen in Österreich
Das Moustérien in Österreich
Das Aurignacien in Österreich
Das Magdalénien in Österreich
Die Mittelsteinzeit. Eine Periode der Steinzeit vor etwa 8.000 bis 5.000 v. Chr.
Die Mittelsteinzeit in Baden-Württemberg
Die Mittelsteinzeit in Bayern
Die Mittelsteinzeit in Nordrhein-Westfalen
Die Ertebölle-Ellerbek-Kultur. Eine Kultur der Jungsteinzeit vor etwa 5.000 bis 4.300 v. Chr.
Die Stichbandkeramik. Eine Kultur der Jungsteinzeit vor etwa 4.900 bis 4.500 v. Chr.
Die Hinkelstein-Kultur. Eine Kultur der Jungsteinzeit vor etwa 4.900 bis 4.800 v. Chr.
Die Rössener Kultur. Eine Kultur der Jungsteinzeit vor etwa 4.600 bis 4.300 v. Chr.
Die Michelsberger Kultur. Eine Kultur der Jungsteinzeit vor etwa 4.300 bis 3.500 v. Chr.
Die Salzmünder Kultur. Eine Kultur der Jungsteinzeit vor etwa 3.700 is 3.200 v. Chr.

Die Wartberg-Kultur. Eine Kultur der Jungsteinzeit vor etwa 3.500 bis 2.800 v. Chr.
Die Walternienburg-Bernburger Kultur. Eine Kultur der Jungsteinzeit vor etwa 3.200 bis 2.800 v. Chr.
Die Kugelamphoren-Kultur. Eine Kultur der Jungsteinzeit vor etwa 3.100 bis 2.700 v. Chr.
Die Glockenbecher-Kultur. Eine Kultur der Jungsteinzeit vor etwa 2.500 bis 2.200 v. Chr.

www.ingramcontent.com/pod-product-compliance
Lightning Source LLC
Chambersburg PA
CBHW072303170526
45158CB00003BA/1164